Achim Beckers

Der Satz von Schönflies

GRIN Verlag

Bibliografische Information der Deutschen Nationalbibliothek:

Die Deutsche Bibliothek verzeichnet diese Publikation in der Deutschen National-
bibliografie; detaillierte bibliografische Daten sind im Internet über http://dnb.d-
nb.de/ abrufbar.

Impressum:

Copyright © 2006 GRIN Verlag GmbH
Druck und Bindung: Books on Demand GmbH, Norderstedt Germany
ISBN: 978-3-638-87162-4

Dieses Buch bei GRIN:

http://www.grin.com/de/e-book/83473/der-satz-von-schoenflies

GRIN - Your knowledge has value

Der GRIN Verlag publiziert seit 1998 wissenschaftliche Arbeiten von Studenten, Hochschullehrern und anderen Akademikern als eBook und gedrucktes Buch. Die Verlagswebsite www.grin.com ist die ideale Plattform zur Veröffentlichung von Hausarbeiten, Abschlussarbeiten, wissenschaftlichen Aufsätzen, Dissertationen und Fachbüchern.

Besuchen Sie uns im Internet:

http://www.grin.com/

http://www.facebook.com/grincom

http://www.twitter.com/grin_com

Der Satz von Schönflies

Achim Beckers

19. Dezember 2006

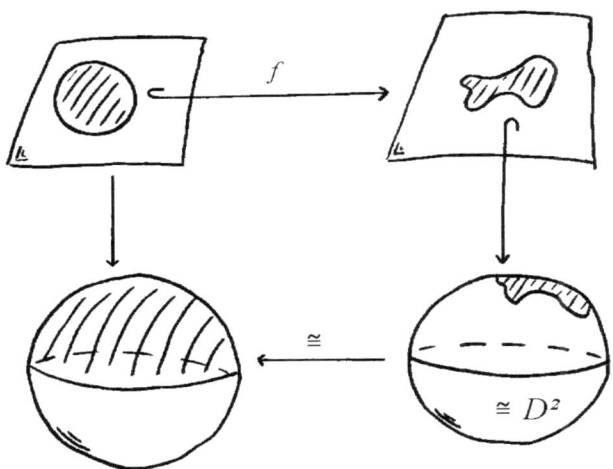

Bachelorarbeit im Fach Mathematik
Ruhr Universität Bochum
Fakultät für Mathematik

Seminar:	Kurven und Flächen
Betreuer:	Prof. Dr. Gerd Laures
Semester:	WS 2006/07

Matrikelnr.: 108004223220

Inhaltsverzeichnis

1 Einleitung

Das Ziel dieser Arbeit ist der Beweis des Satzes von Schönflies, der zunächst vorgestellt wird. Dieser Beweis ist sehr komplex und umfasst zwei - schon an sich sehr wichtige - Sätze, nämlich den Jordanschen Kurvensatz (vgl. Kapitel 3) und den Satz über die Charakterisierung der geschlossenen Flächen (vgl. Kapitel 5). Hierüber entsteht im Laufe der Arbeit der Beweis des Satzes von Schönflies, welcher in Kapitel 7 noch einmal zusammengefasst wird. Abschließend wird im achten Kapitel ein Ansatz zur Verallgemeinerung des Satzes bzw. eine ähnliche Formulierung betrachtet und kurz erläutert.

Vorrausgesetzt sind in dieser Arbeit Grundkenntnisse der Analysis und der Differentialgeometrie bzw. -topologie. Insbesondere sollte der Begriff der Untermannigfaltigkeiten geläufig sein. Zusätzlich werden, obwohl hier eine differenzierbare Version des Satzes von Schönflies betrachtet wird, an vielen Stellen Kenntnisse der Topologie benötigt.

Mit diesen Grundkenntnissen sollte es möglich sein, ein Verständnis des Beweises zu erhalten und die Komplexität dieses zunächst recht einfach klingenden Satzes zu verstehen.

2 Der Satz von Schönflies

Der Satz von Schönflies wurde erstmals 1908 in dem Buch „Die Entwicklung der Lehre von Punktmannigfaltigkeiten" von Arthur Schönflies veröffentlicht. Ich möchte den Satz in folgender Formulierung betrachten:

Satz. 2.1. *Satz von Schönflies*
Eine glatte Einbettung f der S^1 in den $\mathbb{R}^2$ lässt sich stets zu einem Diffeomorphismus $\varphi : \mathbb{R}^2 \to \mathbb{R}^2$ erweitern, so dass $\varphi_{|S^1} = f$.

Hierbei ist

Definition 2.2. *Seien X, Y glatte Mannigfaltigkeiten. Eine glatte Einbettung ist eine Einbettung $f : X \to Y$, so dass f ein Diffeomorphismus auf sein Bild ist.*

Bemerkung 2.3. *im Folgenden sollen, soweit es nicht anders erwähnt ist, Einbettungen stets glatt sein.*

Betrachtet man den Satz von Schönflies, so erkennt man, dass jeder Diffeomorphismus des $\mathbb{R}^2$ stets eine Einbettung der S^1 induziert. Der Satz formuliert jedoch gerade die umgekehrte Schlussrichtung, die nicht trivial ist. Um den gewünschten Diffeomorphismus zu erzeugen ist man versucht, um die entstandene

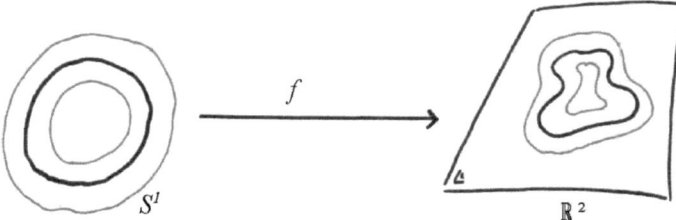

Abbildung 1: Einbettung der S^1 in die Ebene

Kurve weitere Kurven zu legen und so die Abbildung fortzusetzen (s. Abbildung 1). Auch wenn dies anschaulich funktionieren mag, stellt sich doch die Frage, ob ich hierbei auch noch im Ursprung eine differenzierbare Abbildung schaffen kann, usw.. An diesen Überlegungen merkt man schon, dass hier nicht auf einen formalen Beweis verzichtet werden kann.

Der Satz von Schönflies taucht aber auch in anderen Formulierungen auf. So ist zum Beispiel ebenfalls interessant, ob bei einer homöomorphen Einbettung der S^1 immer noch ein Homöomorphismus der Ebene gefunden wird, so dass seine Einschränkung der Einbettung entspricht. Selbst diese scheinbare Vereinfachung ist keinesfalls trivial und ihr Beweis benötigt noch mehr topologische Kenntnisse als hier vorausgesetzt werden. Auch sind Verallgemeinerungen in andere Dimensionen von Interesse. An dieser Verallgemeinerung des Satzes, einer Verschärfung seines Differenzierbarkeitsargumentes und an einer Vereinfachung des Beweises wird noch immer gearbeitet.

Arthur Moritz Schönflies wurde 1853 in Landsberg an der Warthe geboren. Er studierte an der Friedrich-Wilhelms-Universität in Berlin, wo er unter Anderen von Karl Weierstraß unterrichtet wurde. Nach seinem Studium nahm Schönflies 1876 zunächst eine Lehramtstätigkeit im Schuldienst auf. Nach 8 Jahren entschied er sich jedoch für eine Hochschullehrerlaufbahn und habilitierte sich in Göttingen. Im Jahre 1899 folgte Schönflies einem Ruf an die Königsberger Albertus-Universität, bevor er 1911 zur Gründung des ersten Lehrstuhls für Mathematik an die neu entstehende Frankfurter Universität berufen wurde. Mathematisch war Schönflies der Geometrie zuzuordnen, wobei dies die mengentheoretische Topologie einschließt. In der Geometrie befasste er sich mit einem sehr breiten Spektrum, das von rein mathematischen Fragen der synthetischen und analytischen Geometrie, bis hin zu angewandter Mathematik reichte. Größte Bekanntheit erzielte Schönflies mit seiner Aufstellung der 230 Raumgruppen, die für die Kristallographie eine große Rolle spielen, aber vor allem mit dem in dieser Arbeit betrachteten Satz von Schönflies, den er in seiner Königsberger Zeit aufstellte (vgl. [Fr]).

Nach diesen Vorbemerkungen will ich mich nun dem Beweis des Satzes von Schönflies widmen.

3 Jordanscher Kurvensatz

Der grundlegende Satz in der Betrachtung von Einbettungen der S^1 in den $\mathbb{R}^2$ ist der Jordansche Kurvensatz. Er besagt, dass jede Jordankurve $\varphi : [a, b] \to \mathbb{R}^2$ die Ebene in genau zwei disjunkte Gebiete trennt. Das Trennen der Ebene bedeutet hiebei, dass der Rand beider Gebiete gerade das Bild der Kurve ist und die Vereinigung der Gebiete mit ihrem Rand dem $\mathbb{R}^2$ entspricht. Außerdem ist:

Definition 3.1. *Eine <u>Jordankurve</u> oder einfach geschlossene Kurve ist eine stetige Abbildung $\varphi : [a, b] \to \mathbb{R}^n$ mit $\varphi(a) = \varphi(b)$ und $\varphi(t_1) \neq \varphi(t_2)$ für alle $t_1, t_2 \in [a, b)$.*

Damit entsprechen Jordankurven gerade homöomorphen Einbettungen der S^1.

Sowohl die Jordan-Kurven als auch der Jordansche Kurvensatz sind nach dem französische Mathematiker Marie Ennemond Camille Jordan benannt. Er wurde 1838 in Lyon geboren und studierte ab 1855 an der École Polytechnique in Paris. Dann arbeitete er als Ingenieur, betrieb jedoch nebenbei mathematische Forschung. Er wurde 1876 Professor für Analysis in Paris und 1916 Präsident an der Académie des Sciences. Jordan beschäftigte sich mit der Analysis, der Gruppentheorie und der Topologie, wobei er fundamentale Beiträge leisten konnte. Daher wurde neben den hier untersuchten Objekten auch die Jordansche Normalform ihm zu Ehren benannt. Camille Jordan starb 1922 in Paris (siehe [Wi]: „Marie Ennemond Camille Jordan").

Ich werde im Folgenden den Beweis des Jordanschen Kurvensatzes für glatte Einbettungen der S^1 in den $\mathbb{R}^2$ erbringen. Dieser Beweis kann jedoch ohne gewichtige Veränderungen für jede $(n-1)$-dimensionale, kompakte, glatte Untermannigfaltigkeit ohne Rand im R^n übernommen werden. Außerdem ist hier, wie schon in den Vorbemerkungen erkennbar, ein Beweis mit schwächeren Bedingungen ebenfalls möglich. Der Jordansche Kurvensatz ist mit der von Brouwer gezeigten Erweiterung, dass in diesem Fall ein Gebiet eine kompakte Untermannigfaltigkeit ist, vervollständigt.

Satz. 3.2. *Jordanscher Kurvensatz*
Jede glatte Einbettung $f : S^1 \to \mathbb{R}^2$ trennt die Ebene in zwei offene, wegzsh.
Teilmengen, das „Innere“ D_1 und das „Äußere“ D_0.
Hierbei ist $\overline{D_1}$ eine kompakte Untermannigfaltigkeit mit Rand $\partial\overline{D_1} = f(S^1)$.

Versucht man sich diesen Satz anschaulich klar zu machen, so erscheint er trivial. Deshalb wurde er auch lange Zeit ohne Beweis verwendet. Erst 1893 erbrachte Camille Jordan einen ersten noch nicht vollständigen Beweis. Jedoch erkennt man auch schon an noch recht einfachen Beispielen, wie dem in Abbildung 2, dass die Trennung von Innerem und Äußerem nicht so trivial ist, wie es erscheinen mag.

Abbildung 2: nicht-triviale Einbettung der S^1 in die Ebene (aus [GP] S. 86)

Beweis. (nach [GP] S. 88-91)

<u>Vorüberlegung:</u>

Da $X := f(S^1) \cong S^1$ ist, ist X eine zusammenhängende, kompakte eindimensionale Untermannigfaltigkeit des $\mathbb{R}^2$ ohne Rand.

<u>1. Schritt:</u> Es gibt maximal zwei Gebiete.

Sei zunächst $z \in \mathbb{R}^2 - X$ ein beliebiger Punkt. Betrachte nun die Menge M_z der Punkte $x \in X$, zu denen es in jeder Umgebung einen Punkt gibt, der mit z verbindbar ist, ohne dass diese Verbindung X schneidet.
Diese Menge ist nicht leer, denn betrachtet man eine Gerade von z zu einem

Punkt auf X, die dann ohne Einschränkung X sonst nicht schneidet (ansonsten wähle Schnittpunkt der z am nächsten ist, ein solcher existiert wegen der Kompaktheit). Diese Gerade läuft dann durch jede Umgebung U des Punktes auf X und verbindet somit einen Punkt aus U mit z. Außerdem ist die Menge M_z abgeschlossen, da in jeder Umgebung U eines Punktes des Randes ein x aus M_z liegt. Da aber U offen ist, liegt auch eine Umgebung von x in U und ein Punkt in dieser - also in U - ist mit z verbindbar. Außerdem ist die Menge offen, denn erfüllt $x \in X$ diese Bedingung, so gibt es eine Umgebung, so dass $X \cap U$ (durch eine Kartenabbildung) als x-Achse des $\mathbb{R}^2$ aufgefasst werden kann. In dieser Umgebung gibt es nach Voraussetzung einen Punkt y, der mit z verbindbar ist, ohne Einschränkung in der oberen Halbebene. Nun schneidet aber jede Umgebung eines Punktes der x-Achse die obere Halbebene und diese ist wegzusammenhängend, also findet sich ein Punkt, der mit y und somit mit z verbindbar ist.

Da aber X zusammenhängend und diese Menge nicht leer, offen und abgeschlossen ist, entspricht sie schon X. Also gibt es zu jedem Punkt $x \in X$ und jeder seiner Umgebung einen solchen Weg. Damit kann aber $\mathbb{R}^2 - X$ höchstens zwei zusammenhängende Komponenten haben, denn sei U eine Umgebung von x aus X, die genügend klein ist, also nur in zwei (wegzusammenhängende) Teile zerfällt, so ist jeder Punkt aus $\mathbb{R}^2 - X$ mit einem Punkt aus einem dieser Gebiete verbindbar.

2.Schritt: Umlaufzahl ist in Gebieten konstant.

Sind zwei Punkte z und z' nun in einer Komponente und sei $w : I \to \mathbb{R}^2 - X$ ein Weg zwischen ihnen, so hat X als Kurve aufgefasst dieselbe Umlaufzahl um z und z', da

$$(x, t) \mapsto \frac{x - w(t)}{|x - w(t)|}$$

eine Homotopie zwischen den - die Umlaufzahl definierenden - Funktionen ist. Die Umlaufzahl ist eine Homotopieinvariante.

Schritt 3: Es gibt mindestens zwei verschiedene Umlaufzahlen.

Auf Grund der Kompaktheit von X ist X beschränkt, daher wird für $|z|$ groß die Umlaufzahl 0. Die Abbildung

$$x \mapsto \frac{x - z}{|x - z|}$$

ist dann nämlich nicht mehr surjektiv auf die S^1 und damit muss die Umlaufzahl 0 sein.

Sei nun $z_0 \in \mathbb{R}^2 - X$ vorgegeben und $v \in S^1$ ein Richtungsvektor, der von z_0 zu einem Punkt $x \in X$ zeigt, so lässt sich die Menge

$$r = \{z_0 + t \cdot v | t \geq 0\}$$

betrachten. Angenommen r berührt X tangential, dann ist v kritischer Wert der Abbildung

$$u_0 : \; x \mapsto \frac{x - z_0}{|x - z_0|}.$$

Da aber nach dem Theorem von Sard (vgl. [Mi] S. 10ff.) die kritischen Werte eine Nullmenge im Bild bilden, können wir ohne Einschränkung annehmen, dass r die Kurve X transversal schneidet. Sei nun z_1 ein weiterer Punkt auf r und l die Anzahl der Schnittpunkte von r mit X zwischen z_0 und z_1. Dann ist

$$\#u_0^{-1}(v) = \#u_1^{-1}(v) + l,$$

wobei u_1 analog zu u_0 definiert ist.
Allgemein gilt damit für die Umlaufzahlen in z_0 und z_1

$$U(z_0) \equiv U(z_1) + l \quad \mod 2.$$

Insbesondere können wir aber z_1 so wählen, dass $l = 1$ ist, dann ist sogar

$$U(z_0) = U(z_1) \pm 1.$$

Nach diesen Beobachtungen gibt es aber ohne Einschränkung sowohl Punkte mit Umlaufzahl 0 als auch mit Umlaufzahl 1. Daher besteht $\mathbb{R}^2 - X$ aus maximal zwei Wegekomponentne mit konstanter Umlaufzahl und zerfällt somit in genau zwei Wegekomponenten. Diejenige mit Umlaufzahl 0 nenne ich D_0 und die mit Umlaufzahl 1 im Folgenden D_1.

4.Schritt: Untersuchung des Inneren

Da für Punkte mit großem Betrag die Umlaufzahl 0 wird, ist auch D_1 beschränkt, also $\overline{D_1}$ kompakt. Man erkennt, dass D_1 und D_0 ebenfalls offen sind, denn $z \in D_i$ wird durch offene Umgebungen U_x von z und V_x von $x \in X$ getrennt, endlich viele V_{x_0} überdecken aber X (Kompaktheit) und daher ist $\bigcap U_{x_0}$ Umgebung von z in $\mathbb{R} - X$. Diese ist jedoch ohne Einschränkung ein Epsilonball um z, dieser ist wegzusammenhängend, die Umlaufzahl von X um z ist also hierin konstant. Damit ist er eine Umgebung von z in D_i. Der Rand von D_1 ist gerade X, also eine eindimensionale Untermannigfaltigkeit. Damit ist aber $\overline{D_1}$ zweidimensionale Untermannigfaltigkeit mit Rand.

$\square$

4 Ankleben einer D^2 an das Innere

Im vorherigen Kapitel habe ich mit Hilfe des Jordanschen Kurvensatzes gezeigt, dass der $\mathbb{R}^2$ durch die Einbettung der S^1 in zwei Gebiete zerlegt wurde. Über das innere Gebiet $\overline{D_1}$ habe ich ebenfalls gezeigt, dass es eine kompakte 2-dimensionale Untermannigfaltigkeit ist, deren Rand diffeomorph zur S^1 ist. Im weiteren Verlauf möchte ich nun dieses innere Gebiet untersuchen und einen Diffeomorphismus zwischen $\overline{D_1}$ und der D^2 konstruieren. Dadurch wäre unsere Einbettung der S^1 bereits zu einer Einbettung der D^2 erweitert. Um diesen Diffeomorphismus zu erzeugen möchte ich jedoch zunächst aus der Untermannigfaltigkeit mit Rand eine 2-dimensionale Untermannigfaltigkeit ohne Rand erzeugen. Hierfür benutze ich die Methode des Verklebens von Objekten mit Hilfe von Pushouts. Anschaulich werde ich dazu eine D^2 an das Gebiet $\overline{D_1}$ ankleben, indem ich je einen Punkt des Randes der Scheibe mit einem Randpunkt des Inneren identifiziere, diese aufeinanderlege und verklebe. Die Identifizierung der Ränder ist bereits durch die Einbettung der S^1 gegeben.

im Folgenden möchte ich dies formal über die Definition des Pushouts tun und das entstandene Objekt auf seine Eigenschaften untersuchen.

Definition 4.1. *Sind $f : A \to X$ und $g : A \to Y$ stetige Abbildungen, so ist ihr* <u>*Pushout*</u> *$X +_A Y$ der Quotientenraum $\frac{X+Y}{\sim}$, wobei hierbei $\sim$ die Äquivalenzrelation $f(a) \sim g(a)$ bezeichnet.*

Solche Pushouts erfüllen stets die universelle Eigenschaft, dass je zwei Abbildungen $p : Y \to Z$ und $q : X \to Z$, die auf A übereinstimmen - das heißt, dass $p \circ g = q \circ f$ - jeweils eine eindeutige Abbildung $X +_A Y \to Z$ induzieren. Damit kann man sich Pushouts aber gerade so vorstellen, dass die Bilder von A identifiziert, also verklebt werden. Das hier naheliegende Pushout hat die Form:

$$
\begin{array}{ccc}
S^1 & \xrightarrow{\ f\ } & \overline{D_1} \\
{\scriptstyle Inklusion}\big\downarrow & & \big\downarrow \\
D^2 & \longrightarrow & D_1 +_f D^2
\end{array}
$$

Um jedoch die Glattheit des Pushouts zu garantieren, möchte ich noch eine Erweiterung vornehmen. Hierfür nutze ich zunächst, dass sich jede differenzierbare Untermannigfaltigkeit durch eine Tubenumgebung „aufblähen" lässt (ein Beweis zur Existenz findet sich z.B. in [BJ] S.130).

Definition 4.2. *Eine Tubenumgebung von einer glatten $(n-1)$-dimensionalen Untermannigfaltigkeit $\overline{M}$ des $\mathbb{R}^n$ ist eine offene Umgebung $T \subset \mathbb{R}^n$ von M, so dass es einen Diffeomorphismus $\varphi : T \to M \times (-1, 1)$ gibt, wobei $\varphi^{-1}(M \times 0)$ gerade der Einbettung von M in T entspricht.*

In unserem Fall gibt es also eine Umgebung U von $f(S^1)$, die diffeomorph zu $f(S^1) \times (-1,1) \cong S^1 \times (-1,1)$ ist. Insbesondere gibt es dann sogar eine Einbettung von $S^1 \times (-\frac{1}{2},0]$ in die Fläche $\overline{D_1}$ durch Einschränkung dieses Diffeomorphismuses und eventuell durch Umorientierung des Intervalls. Diese Einbettung möchte ich im Folgenden mit e_1 bezeichnen. Andererseits lässt sich $S^1 \times (-\frac{1}{2},0]$ jedoch auch in die D^2 einbetten durch die Abbildung

$$e_2 : (x,t) \mapsto (\frac{1}{2} - t) \cdot x.$$

Auch hiermit lässt sich jetzt ein Pushout definieren, welches ich dann weiter betrachten möchte.

$$
\begin{array}{ccc}
S^1 \times (-\frac{1}{2},0] & \xrightarrow{\ e_1\ } & \overline{D_1} \\
{\scriptstyle e_2}\downarrow & & \downarrow \\
D^2 & \longrightarrow & \overline{D_1} +_{S^1} D^2
\end{array}
$$

Den hierbei entstandenen Raum möchte ich von nun an Y nennen. Dieses Y ist auch eine Verklebung einer D^2 an den Rand von $\overline{D_1}$, da der Abschluss des nicht verklebten Teils der D^2 gerade $\left\{ x \in \mathbb{R}^2 | \ \|x\| \leq \frac{1}{2} \right\} \cong D^2$ ist, deren Rand auf den Rand von $\overline{D_1}$ geklebt wurde (Die hierbei verwendete D^2 werde ich in Kapitel 7 noch einmal gebrauchen).

Feststellung 4.3. *Der Raum Y ist eine kompakte 2-dimensionale Mannigfaltigkeit ohne Rand.*

Diese Feststellung folgt trivialerweise, da die Ränder gerade ins Innere verklebt wurden. Weiterhin ist Y kompakt, da $\overline{D_1}$ und D^2 kompakt sind und somit zu jeder offenen Überdeckung eine endliche Teilüberdeckung jedes dieser Gebiete gefunden wird, also auf Grund der Topologie von Pushouts eine endliche Teilüberdeckung von ganz Y. Bleibt noch zu zeigen, dass zu allen Punkten Karten existieren. Da aber jeder Punkt eine Umgebung hat, die ganz in D^2 oder in $\overline{D_1}$ liegt, existiert daher auch eine Karte. Zu jedem Punkt, der vorher nicht auf dem Rand lag, ist diese Umgebung die ursprüngliche Umgebung. Ein Randpunkt einer der Flächen wird jetzt mit einem inneren Punkt der anderen Fläche verklebt, dieser hat aber eine Umgebung in dieser Fläche, zu der es eine Karte gibt.

In Abbildung 3 möchte ich kurz die Fläche Y veranschaulichen.

An diesem Beispiel erkennt man, dass Y eine Ähnlichkeit mit der S^2 aufweist. In den nächsten Kapiteln möchte ich nun einen Diffeomorphismus zwischen diesen beiden Flächen finden.

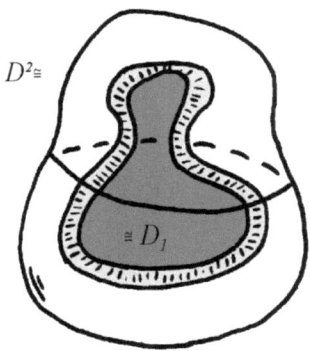

Abbildung 3: Das Pushout Y

5 Klassifizierung einfach geschlossener Flächen vom Geschlecht 0

Zunächst:

Definition 5.1. *Eine geschlossene Fläche ist eine 2-dimensionale Untermannigfaltigkeit, die kompakt und ohne Rand ist.*

Nach einem grundlegenden Satz der Flächentheorie ist nun jede geschlossene Fläche diffeomorph zu einer Fläche vom Geschlecht $g \geq 0$.

Definition 5.2. *Eine Fläche vom Geschlecht g ist eine Fläche M_g, die durch eine Folge von geschlossenen Fächen $M_0, M_1, ..., M_g$ und zugehörigen C^∞-Einbettungen $f_i : S^0 \times D^2 \to M_i$ mit $i = 0, ..., g-1$ gegeben ist, wobei $M_0 = S^2$ und M_{i+1} aus M_i durch Kleben eines Zylinders an $M_i - f(S^0 \times \overset{\circ}{D}_2)$ entsteht.*

Ich werde hier im Folgenden nicht den gesamten, oben genannten Satz beweisen, sondern nur die Flächen vom Geschlecht 0 charakterisieren. Diese sind demnach diffeomorph zur S^2.

Hierzu bedarf es zunächst etwas Vorbereitung:

Definition 5.3. *Sei $f : M \to \mathbb{R}$ eine glatte Funktion, M eine n-dimensionale Untermannigfaltigkeit, dann heißen die kritischen Punkte nicht ausgeartet, wenn die Hesseform von f an dieser Stelle Rang n hat.*
Der Index eines solchen kritischen Punktes ist die größtmögliche Dimension eines Untervektorraums des Tangentialraumes, auf dem die Hesseform negativ definit ist.

11

Definition 5.4. *Hat eine Funktion $f : M \to \mathbb{R}$ nur nicht ausgeartete kritische Punkte, so nennt man sie Morsefunktion.*

Satz. 5.5. *Morse Lemma:*
Sei $p \in M$ ein nicht ausgearteter kritischer Punkt vom Index k einer C^{r+2}-Abbildung $f : M \to \mathbb{R}$, dann gibt es eine C^r-Karte (φ, U) um p, so dass

$$f \circ \varphi^{-1}(u_1, ..., u_n) = f(p) - \sum_{i=1}^{k} u_i^2 + \sum_{i=k+1}^{n} u_i^2.$$

Die Beweisidee (siehe z.B. [Hi] S.145-147) des Morse Lemmas ist das geschickte Umschreiben der Funktion mit Hilfe Ihrer Hesseform, wobei diese durch einen Basiswechsel in die Standardform

$$\begin{pmatrix} -1 & 0 & & \cdots & & & 0 \\ 0 & \ddots & \ddots & & & & \\ \vdots & & -1 & & & & \vdots \\ & & & 1 & & & \\ & & & & 0 & \ddots & \\ 0 & & & & & 0 & 1 \end{pmatrix}$$

gebracht wurde. Dann setze $\varphi = Q_x^{-1} \cdot x$, wobei Q_x gerade den Basiswechsel beschreibt. Hieraus folgt das Lemma.

Nun werde ich die geschlossenen Flächen wie oben beschrieben charakterisieren. Zunächst kann ich einen Homöomorphismus zwischen kompakten orientierbaren n-dimensionalen Untermannigfaltigkeiten ohne Rand, auf denen Morsefunktionen mit nur zwei kritischen Punkten definiert sind, und der S^n finden. Dieser Homöomorphismus ist im Fall $n = 2$ sogar ein Diffeomorphismus, wie ich weiter zeigen werde. Diese Verallgemeinerung gilt aber nicht in beliebigen Dimensionen.

Satz. 5.6. *Sei M eine kompakte orientierbare n-dimensionale Mannigfaltigkeit ohne Rand, für die es eine Morse-Funktion mit genau 2 kritischen Punkten gibt, dann ist M homöomorph zu S^n.*

Beweis. (nach [Hi] S.154-155) Sei $f : M \to \mathbb{R}$ eine solche Morsefunktion mit den kritischen Punkten P_+ und P_-, ohne Einschränkung Maximum und Minimum. Setze $f(P_+) = z_+$ und $f(P_-) = z_-$.
Nach dem Morse Lemma gibt es Umgebungen U_+ und U_-, so dass f hier bzgl. geeigneter Koordinaten die Form

$$z_+ - x_1^2 - x_2^2 - ... - x_n^2$$

bzw.

$$z_- + x_1^2 + x_2^2 + \ldots + x_n^2$$

hat, denn die Hessematrix ist bei einem Maximum negativ definit, weshalb der Index voll ist, und bei einem Minimum positiv definit und somit ist der Index hier 0. Daher existiert dann $b < z_+$ und $a > z_-$, so dass $f^{-1}[b, z_+]$ und $f^{-1}[z_-, a]$ diffeomorph zur Scheibe D^2 sind.

Außerdem ist aber $N := f^{-1}[a, b]$ diffeomorph zu $S^{n-1} \times I$ (siehe [Hi] S. 153).

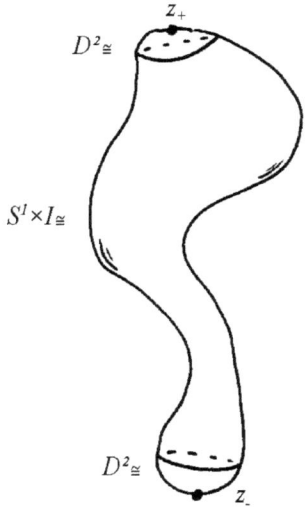

Abbildung 4: Die drei Diffeomorphismen auf M

Dies erkennt man, indem man auf N das Vektorfeld

$$V(x) = \frac{grad(f(x))}{|grad(f(x))|^2}$$

definiert. Sei η eine Integralkurve, so ist die Ableitung von $f \circ \eta$ konstant 1, d.h.

$$f(\eta(t_1)) - f(\eta(t_0)) = t_1 - t_0.$$

Sei nun $x \in f^{-1}(a) \cong S^{n-1}$, dann setze η_x als Integralkurve zu V mit Anfangswert x. Die Abbildung

$$F : S^{n-1} \times I \to N$$

$$(x, t) \mapsto \eta_x(t)$$

ist dann nach Sätzen zur globalen Lösbarkeit von Differentialgleichungen eine surjektive Einbettung, also ein Diffeomorphismus.

Die drei Diffeomorphismen sind in Abbildung 4 veranschaulicht.

Den Diffeomorphismus zum Zylinder und die Diffeomorphismen zwischen D_+ bzw. D_- und D^2 kann man aber nun zu einem Homöomorphismus zur S^n verkleben, denn die Ränder der unteren Scheibe und des Zylinders sind nach der Konstruktion identifiziert. An den oberen Rändern findet man ebenfalls eine Identifizierung, muss jedoch im Allgemeinen auf die Differenzierbarkeit dieser verzichten. □

Satz. 5.7. *Ist obiges M zweidimensional, so ist M diffeomorph zur S^2.*

Beweis. (nach [Hi] S. 187) Nach dem Beweis des obigen Satzes ist M die Verklebung zweier D^2 über einen Zylinder. Sei

$$g : S^1 \to S^1$$

die Verklebeabbildung an der oberen Kante. Dann ist g orientierungserhaltender Diffeomorphismus, denn der Diffeomorphismus auf dem Rand der D^2 ist gerade die Identität bezüglich der Karte und der Diffeomorphismus auf der Oberkante des Zylinders ist nach der Konstruktion über das Vektorfeld orientierungserhaltend. Dann kann man annehmen, dass $g(x) = x$ für alle $x \in U$, wobei U eine genügend kleine (aber nicht leere) offene Menge in der S^1 ist. Diese Bedingung erhält man durch Drehen und eventuelles lokales Verzerren des Diffeomorphismuses, was mit Isotopien möglich ist. Dann gibt es aber eine offene Menge $V \subset S^1$, so dass V diffeomorph zu einem offenen Intervall ist und U und V die S^1 überdecken. Nun reicht es also auf dem Intervall V eine Isotopie zu finden. Definiere hier

$$h(x,t) = t \cdot x + (1 - t) \cdot f(x).$$

Dies ist eine offensichtlich differenzierbare Homotopie und da $f'(x) > 0$, ist h_t sogar Diffeomorphismus für alle t. Mit Hilfe dieser Isotopie lässt sich der Homöomorphismus aus obigem Satz sogar diffeomorph realisieren, indem man an den oberen Teil des Zylinders diese Isotopie klebt und hieran dann die D^2. □

Hiermit haben wir eine Charakterisierung aller geschlossenen Flächen gefunden, die diffeomorph zur S^2 sind. Die Umkehrung dieses Satzes ist trivial, da man die Höhenfunktion der S^2 dann auf M übertragen kann und so eine Morsefunktion mit genau zwei kritischen Punkten erhält.

6 Konstruktion einer geeigneten Morsefunktion

Kommen wir jetzt zu unserem Pushout Y zurück, das durch Verkleben der D^2 mit $\overline{D_1}$ entstanden ist.

Um zu zeigen, dass Y diffeomorph zu einer S^2 ist, müssen wir zunächst eine Morsefunktion mit genau 2 kritischen Punkten auf Y definieren. Wir wollen als ersten Ansatz die Höhenfunktion definieren. Hierzu bettet man Y in den $\mathbb{R}^n$ ein und betrachtet eine Projektion auf den $\mathbb{R}$. Auf Grund der Kompaktheit von X hat die Höhenfunktion ein globales Minimum und ein Maximum, also mindestens zwei kritische Punkte. Die Höhenfunktion kann jedoch auch noch andere lokale Extrema und kritische Punkte besitzen. Außerdem könnte die Höhenfunktion auch noch ausgeartete kritische Punkte haben, die ich aber durch lokale Deformierung der Fläche entfernen kann. (Ich werde im Folgenden davon sprechen, dass ich die Fläche verforme und weiterhin die Höhenfunktion betrachte, obwohl ich im Grunde die Funktion auf der Fläche ändere. Diese beiden Betrachtungsweisen sind jedoch völlig analog, wobei ich die hier Gewählte als anschaulicher empfinde.)

Damit habe ich eine Morsefunktion erhalten, die ich noch so verändern will, dass nur die beiden globalen Extrema erhalten bleiben, die restlichen kritischen Punkte sich jedoch gegenseitig aufheben.

Um nun zu entscheiden, ob die anderen kritischen Punkte verschwinden können, möchte ich erstmal die Eulercharakteristik untersuchen. Die Eulercharakteristik hat verschiedene äquivalente Definitionen, von denen ich hier zunächst die über Morsefunktionen untersuchen möchte. Denn ist f eine Morsefunktion auf Y so gilt

$$\chi(Y) = \#Anzahl\ Maxima - \#Sattelpunkte + \#Anzahl\ Minima$$

Zum Anderen lässt sich die Eulercharakteristik aber auch als Wechselsumme der Dimension von Homologieklassen definieren. Hieraus erhält man das Resultat:

Feststellung 6.1. *Die Eulercharakteristik von Y beträgt 2.*

Beweis. Betrachtet man die simpliziale Homologie so gilt

$$H_n(D^2, \mathbb{Z}) = H_n(\mathbb{R}^2, \mathbb{Z}) = H_n(pkt, \mathbb{Z}) = \begin{cases} \mathbb{Z} & n = 0 \\ 0 & n \neq 0 \end{cases}$$

und

$$H_n(S^1, \mathbb{Z}) = \begin{cases} \mathbb{Z} & n = 0; 1 \\ 0 & \text{sonst.} \end{cases}$$

Außerdem lässt sich zeigen, dass

$$H_n(\overline{D_1}, \mathbb{Z}) = \begin{cases} \mathbb{Z} & n = 0 \\ 0 & n \neq 0 \end{cases}.$$

Hierbei ist der Fall $n = 0$ klar, da $\overline{D_1}$ aus genau einer Wegekomponente besteht. Ansonsten nutzt man die Überdeckung des $\mathbb{R}^2$ durch $\overline{D_1}$ und $\overline{D_0}$ mit Schnitt S^1

und die Mayer-Vietoris Sequenz. Man erkennt schnell, dass $H_n(\overline{D_1}, \mathbb{Z}) = 0$ für $n > 1$ und $H_1(\overline{D_1}, \mathbb{Z}) \oplus H_1(\overline{D_0}, \mathbb{Z})$ isomorph zu $\mathbb{Z}$ ist. Betrachtet man aber die stetige Abbildung des eindimensionalen Simplizes auf den Rand von $\overline{D_0}$ durch Identifizierung der beiden Endpunkte, so erhält man hierdurch ein Zykel in $S_1(\overline{D_0})$. Da dieser Zykel jedoch um die Punkte $p \in D_1$ Umlaufzahl 1 hat, lässt sich zeigen, dass er Erzeuger von $H_1(\mathbb{R}^2 - \{p\}, \mathbb{Z})$ und somit nicht null in $H_1(\overline{D_0}, \mathbb{Z})$ ist. Damit ist aber $H_1(\overline{D_0}, \mathbb{Z}) \neq 0$ und daher $H_1(\overline{D_1}, \mathbb{Z}) = 0$ nach obiger Isomorphie.

Auf Grund des Pushouts, aus dem Y entstand, gibt es aber ebenfalls mit Hilfe des Satzes von Mayer und Vietoris eine lange exakte Sequenz

$$... \to H_n(S^1, \mathbb{Z}) \to H_n(D^2, \mathbb{Z}) \oplus H_n(\overline{D_1}, \mathbb{Z}) \to H_n(Y, \mathbb{Z}) \to H_{n-1}(S^1, \mathbb{Z}) \to ... \,.$$

Aus dieser können wir die simpliziale Homologie von Y berechnen als

$$H_n(Y, \mathbb{Z}) = \begin{cases} \mathbb{Z} & n = 0; 2 \\ 0 & \text{sonst.} \end{cases}$$

Damit ist aber die Eulercharakteristik gerade $\chi(Y) = 2$. $\qquad\square$

Daher wissen wir jetzt, dass

$$\chi(Y) = \#Anzahl\ Maxima - \#Sattelpunkte + \#Anzahl\ Minima = 2$$

gilt. Gibt es also neben dem Hauptextrema noch k weitere Maxima und l weitere Minima, so muss es ebenfalls $k + l$ weitere Sattelpunkte geben.

Bemerkung 6.2. *Man kann ein Maximum bzw. ein Minimum einer Morsefunktion auf einer geschlossenen Fläche mit einem Sattelpunkt „kürzen".*

Dieses „Kürzen" funktioniert gerade so, wie in Abbildung 5 angedeutet (vgl. [Hi] S.200ff.).

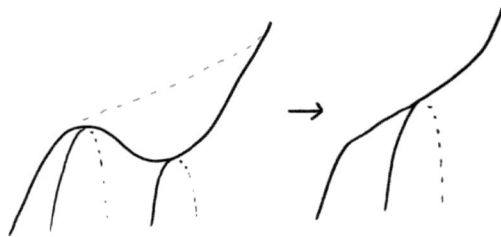

Abbildung 5: Kürzen von Maximum und Sattelpunkt

Nun haben wir aber eine Morsefunktion auf Y konstruiert, die nur noch die beiden Hauptextrema als kritische Punkte hat. Nach dem Satz des vorherigen

Kapitels ist damit aber $Y \cong S^2$.

7 Ausweitung der Einbettung zum Diffeomorphismus

Im Folgenden wollen wir nun von unserem Objekt auf der S^2 zurück zu unserer Einbettung $f : S^1 \to \mathbb{R}^2$ kommen. Hierfür brauchen wir zunächst den folgenden Satz:

Satz. 7.1. *Jede Einbettung $\varphi : D^2 \to \mathbb{R}^2$ lässt sich zu einem Diffeomorphismus $\widetilde{\varphi} : \mathbb{R}^2 \to \mathbb{R}^2$ erweitern, so dass $\widetilde{\varphi}_{|D^2} = \varphi$.*

Beweis. Sei φ eine orientierungserhaltende, glatte Einbettung der D^2. Dann lässt sich zunächst einmal eine Isotopie zwischen φ und der Standardeinbettung finden. Die Abbildung

$$(x, t) \mapsto \begin{cases} \frac{\varphi(xt)}{t} & t > 0 \\ D_0\varphi(x) & t = 0 \end{cases}$$

gibt hierbei erst einmal eine Isotopie zwischen φ und seiner Ableitung an. Die Ableitung $D_0\varphi$ liegt in $Gl_2(\mathbb{R})$ und hat eine positive Determinante. Der Raum $Gl_2(\mathbb{R})$ zerfällt jedoch nur in die beiden Wegekomponenten Determinante > 0 und Determinante < 0. Somit ist φ isotop zu $D_0\varphi$ und damit isotop zu *id*. Da sich aber jede Isotopie von Einbettungen einer kompakten Teilmenge in eine Diffeotopie einbetten lässt und diese einen Diffeomorphismus induziert (einen ausführlichen Beweis findet man z.B. in [BJ] S.93-98), haben wir jetzt einen Diffeomorphismus für orientierungserhaltende Einbettungen gefunden. Eine orientierungsumkehrende Einbettung φ kann aber stets in eine orientierungserhaltende umgeformt werden, indem man sie mit der Abbildung

$$\theta : \mathbb{R}^2 \to \mathbb{R}^2$$
$$\begin{pmatrix} x \\ y \end{pmatrix} \mapsto \begin{pmatrix} -x \\ y \end{pmatrix}$$

komponiert. Damit ist aber $\theta \circ \varphi$ Einbettung, die sich nach dem ersten Teil zu einem Diffeomorphismus ausweiten lässt. Da aber auch θ Diffeomorphismus ist, ist dieser Verknüpft mit θ^{-1} eine Ausweitung von φ. $\qquad\square$

Folgerung 7.2. *Jede Einbettung der D^2 auf die S^2 kann durch Komposition mit einem Diffeomorphismus auf der S^2 in die Einbettung der oberen Halbkugel transformiert werden.*

Beweis. Jede solche Einbettung trifft einen Punkt $x \in S^2$ nicht, da sonst das Bild keinen Rand hätte, es aber diffeomorph zur D^2 sein muss. Somit kann man nun durch stereographische Projektion diese Einbettung in eine in den $\mathbb{R}^2$ überführen und obigen Satz anwenden. Bei Rückprojektion wird dann genau die dem Punkt gegenüberliegende Halbkugel getroffen. Dieser Diffeomorphismus von $S^2 - \{x\}$ in sich selbst ist ohne Einschränkung in einer Umgebung von x konstant und lässt sich somit auf S^2 ausweiten. Durch eine Drehung, also einen Diffeomorphismus, lässt sich die getroffene Halbkugel dann auf die obere überführen. $\square$

Nun habe ich aber die Untermannigfaltigkeit Y, in die die D^2 - als der nur am Rand verklebte Teil (siehe Kapitel 4) - eingebettet war, diffeomorph auf die S^2 abgebildet. Damit ist dies auch eine Einbettung der D^2 in die S^2 und diffeomorph zur Standardeinbettung, nach der obigen Folgerung. Dann wird aber die Teilmenge $\overline{D_1}$ von Y durch diesen Diffeomorphismus auf die südliche Halbkugel abgebildet und ist daher diffeomorph zur D^2.

Folgerung 7.3. *Jede diffeomorphe Einbettung $f : S^1 \to \mathbb{R}^2$ lässt sich zu einer diffeomorphen Einbettung $\widetilde{f} : D^2 \to \mathbb{R}^2$ erweitern.*

Diese Folgerung hat sich nun über unsere Betrachtungen ergeben, da wir jetzt wissen, dass es einen Diffeomorphismus des Inneren und der D^2 gibt, der auf dem Rand gerade die Abbildung f^{-1} ist. Somit ist jedoch die Umkehrabbildung eine diffeomorphe Einbettung wie in der Folgerung.

Verwenden wir an dieser Stelle noch einmal den Satz 7.1., so wissen wir, dass die Einbettung $\widetilde{f} : D^2 \to \mathbb{R}^2$ sich nur durch einen Diffeomorphismus des $\mathbb{R}^2$ von der Standardeinbettung unterscheidet. Somit gilt dies aber auch für die Einbettung der S^1, mit der wir im Satz von Schönflies begonnen haben, da $\widetilde{f}$ gerade eine Erweiterung hiervon war. Damit haben wir nun die Aussage des Satzes bewiesen.

Ich möchte an dieser Stelle den Beweisgang des Satzes noch einmal kurz zusammenfassen.

- Zunächst haben wir mit Hilfe des Jordanschen Kurvensatzes gezeigt, dass die Einbettung der S^1 den $\mathbb{R}^2$ in zwei Gebiete teilt.

- Bei der Untersuchung des inneren Gebietes haben wir gesehen, dass dieses eine kompakte, 2-dimensionale Untermannigfaltigkeit mit Rand ist.

- Durch Verkleben mit der D^2 haben wir eine Untermannigfaltigkeit ohne Rand erzeugt.

- Durch Erzeugen einer Morsefunktion hierauf und dem Satz über die Charakterisierung von geschlossenen Untermannigfaltigkeiten (vom Geschlecht 0), konnten wir diese als diffeomorph zur S^2 identifizieren.

- Hieraus konnten wir folgern, dass das innere Gebiet diffeomorph zur D^2 ist und so die Einbettung auf eine der D^2 ausweiten.

- Zu der Einbettung der D^2 in den $\mathbb{R}^2$ konnten wir einen Diffeomorphismus der Ebene konstruieren, so dass die Verknüpfung mit der Standardeinbettung gerade diese Einbettung ergibt.

- Da dieser Diffeomorphismus für die ganze Scheibe D^2 die Eigenschaft erfüllt, so erfüllt er sie insbesondere für die S^1.

Diese Beweisskizze stellt auch die Abbildung auf der Titelseite dar, wenn man sie im Uhrzeigersinn durchläuft. Denn startet man oben links mit der S^1 und ihrer Einbettung in die Ebene, so charakterisiert der Jordansche Kurvensatz das Innere. Dieses wird durch den Pushout und die Klassifizierung von Flächen in die S^2 unten rechts eingebettet. Dann existiert ein Diffeomorphismus der S^2 in sich, so dass die Fläche gerade die Nordhalbkugel trifft. Dann lässt sich aber durch die Einbettung der Scheibe in die Nordhalbkugel eine Einbettung der D^2 in den $\mathbb{R}^2$ konstruieren und diese lässt sich dann zu einem Diffeomorphismus der Ebene ausweiten.

Nachdem wir nun den Satz von Schönflies auf diese Weise bewiesen haben, möchte ich mich jetzt im letzten Kapitel mit einigen Anwendungen bzw. verwandten Problemen beschäftigen.

8 Verallgemeinerung und verwandte Probleme

Wie ich schon in der Einleitung erwähnte, tritt der Satz von Schönflies in vielen verschiedenen Formulierungen auf. Zunächst einmal unterscheidet man zwischen topologischen und differentialtopologischen Formulierungen, wobei sich eine topologische Einbettung zu einem Homöomorphsimus bzw. eine glatte Einbettung zu einem Diffeomorphismus erweitern lässt.

Diese Probleme, die inhaltlich sehr ähnlich sind, benötigen zwei unterschiedliche Beweise. Schon der hier geführte Beweis des Jordanschen Kurvensatzes benötigte die Differenzierbarkeit und auch in der gesamten Charakterisierung von Flächen benötigte ich Eigenschaften von glatten Untermannigfaltigkeiten.

Möchte man den gesamten Beweis nur mit stetigen Abbildungen durchführen, so muss man die Flächen noch stärker durch ihre topologischen Eigenschaften charakterisieren und diese untersuchen, worauf ich vor allem auf Grund der geringen topologischen Vorkenntnisse der meisten Seminarteilnehmer verzichtete.

Ich möchte mir in diesem Abschnitt zur Abrundung ein verwandtes Problem anschauen. Im Zeitraum von 1958 bis 1960 diskutierten im „Bulletin of the American Mathematical Society" (siehe [Ma],[Mo] und [Br]) Mazur, Morse und Brown ein mit dem Satz von Schönflies verwandtes Problem auf Sphären. Sie diskutierten hierin, unter welchen Bedingungen eine stetige Einbettung der S^{n-1} in die S^n diese in gerade zwei n-Zellen teilt, d.h. wann die beiden Komponenten gerade homöomorph zur D^n sind.

Den ersten Text zu diesem Problem „On Embeddings of Spheres" formulierte 1958 Mazur. Er forderte hierbei eine „Niceness"-Bedingung, die vor allem eine „topologische Tubenumgebung" in der S^n - womit ich eine topologische Einbettung $\psi : S^{n-1} \times [-1,1] \to S^n$ meine, deren Einschränkung $\psi(S^{n-1} \times 0)$ gerade der Einbettung entspricht - sowie lokale Semi-Linearität beinhaltete. Sowohl Morse als auch Brown vermindern in ihren Texten die benötigten Bedingungen.

„A proof of generalized Schönflies Theorem" von Morton Brown ist der zuletzt erschienene Text, auf den ich nun kurz eingehen möchte.

Brown betrachtet n-Zellen und darin liegende zelluläre Mengen, d.h. Mengen, die sich als Schnitt von Folgen von n-Zellen darstellen lassen, wobei jeweils die Folgezelle im Inneren der vorherigen liegen soll.
Dann betrachtet er Abbildungen von n-Zellen in die S^n sowie auf sich selbst unter Berücksichtigung der nicht einpunktigen Fasern. Vor allem untersucht er solche Abbildungen, bei denen die (nicht einpunktigen) Fasern zellulär sind. Aus seinen Beobachtungen folgert er dann folgenden Satz:

Satz. 8.1. *Sei eine topologische Einbettung $h : S^{n-1} \times [-1,1] \to S^n$ gegeben, dann sind die Abschlüsse der beiden zu $h(S^{n-1} \times 0)$ komplementären Gebiete n-Zellen.*

Hieraus kann man leicht zwei Folgerungen ziehen:

Folgerung 8.2. *Sei eine topologische Einbettung $h : S^{n-1} \times [-1,1] \to \mathbb{R}^n$ gegeben, dann lässt sich diese zu einem Homömorphismus des $\mathbb{R}^n$ erweitern.*

Diese Folgerung entsteht dadurch, dass man im obigen Satz geeignete Homöomorphismen wählen kann, die sich wieder zu einem Homöomorphismus der S^n verkleben lassen. Durch stereographische Projektion lässt sich dann das Problem dieser Folgerung lösen.

Folgerung 8.3. *Sei $f : S^{n-1} \to \mathbb{R}^n$ eine glatte Einbettung, so lässt sich diese zu einem Homöomorphismus des $\mathbb{R}^n$ erweitern.*

Diese Folgerung geht direkt aus der ersten auf Grund der Existenz einer Tubenumgebung hervor.

Diese beiden Folgerungen sind zwar Verallgemeinerungen des Satzes von Schönflies in beliebige Dimensionen, haben jedoch eine schwächere Aussage als die gewünschte. In der ersten Formulierung muss man zu der Einbettung der S^{n-1} zusätzlich eine Tubenumgebung vorraussetzen und erweitert so die topologische Formulierung des Satzes um eine Bedingung. Die zweite Folgerung setzt sogar Differenzierbarkeit voraus und kann doch nur einen Homöomorphismus erzeugen.

Dieser kurze Ausblick zeigt meiner Meinung nach, dass es unter anderen Vorraussetzungen, sowie in anderen Dimensionen, durchaus interessant bleibt den Satz von Schönflies zu untersuchen. Der hier erbrachte Beweis erhält sowohl Stellen, an denen er die Differenzierbarkeit (z.B.: der hier benutzte Beweis des Jordanschen Kurvensatzes) verlangt, als auch solche an denen, die Dimension entscheidend ist (z.B. Charakterisierung von Flächen).

Literaturverzeichnis:

[BJ] Bröcker, T. und Jähnich, K.: Einführung in die Differentialtopologie. - Korrigierter Nachdruck - Berlin: Springer 1990.

[Br] Brown, M.: A proof of generalized Schönflies theorem. In: Bull. Amer. Math. Soc. 66 (1960), S.74-76.

[Fr] Fritsch, R. und G.: Ansätze zu einer wissenschaftliche Biographie von Arthur Schönflies. München: Institut für Geschichte der Naturwissenschaften 2001.

[GP] Guillemin, V. und Pollack, A.: Differential Topology. New York: Prentice Hall, Inc. 1974

[Hi] Hirsch, M.W.: Differential Topology. New York: Springer 1976.

[Ma] Mazur, B.: On embeddings of spheres. In: Bull. Amer. Math. Soc. 65 (1959), S.59-65.

[Ma2] Mazur, B.: On embeddings of spheres. In: Acta Mathematica 105 (1961) S.1-17

[Mi] Milnor, J.W.: Topology from the Differentiale Viewpoint. Princeton: Princeton Landmarks in Mathematics 1997.

[Mi2] Milnor, J.W.: Lectures on the h-cobordism theorem. Princeton: Princeton Landmarks in Mathematics 1965.

[Mo] Morse, M.: A reduction of the Schönflies extension problem. In: Bull. Amer. Math. Soc. 66 (1960), S.113-115.

[S] Schoenflies, A.: Die Entwickelung der Lehre von den Punktmannigfaltigkeiten. Teil II. Jahresbericht der DMV, Teubner, Leipzig 1908.

[Wi] Wikipedia - die Online-Enzyklopädie. www.wikipedia.org Stand:29.09.2006